DIE GELBWANGEN-
SCHMUCKSCHILDKRÖTE
TRACHEMYS SCRIPTA SCRIPTA

Andreas S. Hennig

W0056506

Gut strukturierte, vollsonnig gelegene Freilandanlage für Schmuckschildkröten
Foto: H. Werning

Inhalt

Bildnachweis:
Titelbild: H.-D. Philippen
Kleines Bild: M. Schmidt
Seite 1: H.-D. Philippen

1. Auflage 2004
2. Auflage 2005
3. Auflage 2008
4. Auflage 2010

ISBN 978-3-937285-14-6

© 2004 Natur und Tier - Verlag GmbH
An der Kleimannbrücke 39/41
48157 Münster
www.ms-verlag.de

Geschäftsführung: Matthias Schmidt
Lektorat: Kriton Kunz & Heiko Werning
Layout: go autark – rupp & hogeback GbR
Druck: Druckhaus Fromm, Osnabrück

Vorwort

SIE sehen einfach unglaublich faszinierend aus: Wie bunte Juwelen in prachtvollen Farben und fesselnden Zeichnungen ziehen die Babys der Gelbwangen-Schmuckschildkröten jeden Betrachter in ihren Bann! Schnell entsteht der Wunsch, einem solchen „tierischen Gefährten" ein Zuhause zu geben. Doch was gehört alles dazu, damit sich eine solche Schildkröte wohl fühlt, ihren Bedürfnissen nachgehen kann, gesund bleibt und viele Jahre in Menschenobhut leben kann? Zur artgerechten Haltung von Schmuckschildkröten sind einige Dinge zu beachten, die zwingend notwendig und grundlegende Voraussetzung auch dafür sind, dass die Freude an der Haltung dieser hochinteressanten Tiere überwiegt und man sich jeden Tag aufs Neue begeistern

Eine Gelbwangen-Schmuckschildkröte in ihrem Aquaterrarium Foto: M. Schmidt

lassen kann. Gewiss ist der Aufwand im Vergleich zu so manch anderem Heimtier größer, doch bietet der qualifizierte Handel heutzutage das erforderliche Knowhow für die richtige Unterbringung, die notwendige Technik und die gesunde Ernährung der liebenswerten Pfleglinge. Selbst älteren Kindern bzw. Jugendlichen, die das Interesse und die Begeisterung für diese Tiere entdeckt haben, wird es dadurch leichter gemacht, sie dauerhaft richtig und selbstständig zu betreuen. Auch wenn Gelbwangen-Schmuckschildkröten mit zunehmendem Alter nicht mehr so bunt und klein sind wie beim Kauf eines Baby-Exemplares, so bieten sie dennoch jederzeit die begeisternde Möglichkeit, einen kleinen Einblick in die faszinierende Vielfalt und das schützenswerte Vermögen der Natur zu bekommen.

Andreas S. Hennig
Leipzig, im Frühjahr 2004

Einige Anmerkungen zur Biologie

DAS Das natürliche Verbreitungsgebiet der Gelbwangen-Schmuckschildkröte (*Trachemys scripta scripta*) befindet sich ausschließlich in den USA. Dort lebt sie in den südöstlich gelegenen Bundesstaaten Georgia und South Carolina, im Norden Floridas, in der östlichen Hälfte von North Carolina sowie im Südosten von Virginia. Sie bevorzugt Stillgewässer, z. B. Seen, Teiche und Tümpel. Sehr wichtig für die Gelbwangen-Schmuckschildkröte ist eine üppige Unterwasservegetation, also Gewässer mit reichlichem Pflanzenwuchs. Denn mit zunehmendem Alter ernähren sich Schmuckschildkröten überwiegend von Pflanzen und nur wenig von Tierischem, wie beispielsweise Insekten. Zweites wichtiges Merkmal der von den Tieren bewohnten Gewässer sind aus dem Wasser ragende Baumstämme und -wurzeln oder auch Steine. Diese erklettern die Schmuckschildkröten, um sich zu sonnen. Sie sind nämlich wahre „Sonnenanbeter", die viel Zeit mit Sonnenbädern verbringen. Im Gegensatz zu den

Sehr gut zu erkennen: die markante, gelbe Zeichnung hinter dem Auge. Foto: A. S. Hennig

höher entwickelten Säugetieren sind Schildkröten als Reptilien wechselwarme Tiere, deren Körpertemperatur weitestgehend von der Umgebungstemperatur abhängt. So müssen sie sich regelmäßig den wärmenden Sonnenstrahlen aussetzen, um den Körper sozusagen auf „Betriebstemperatur" zu bringen. Das ist ein wichtiger Punkt, der bei der Haltung der Schmuckschildkröten unbedingt beachtet werden muss. Die niedrigeren Temperaturen und die geringere Sonnenscheindauer der kühlen Wintermonate haben natürlich Einfluss auf die Aktivität der Schildkröten. Diese ruhen dann oder zeigen wenigstens – je nach Temperaturen – eine deutlich geringere Aktivität.

Sonnen sich die Tiere nicht auf einem aus dem Wasser ragenden Baumstamm oder Ähnlichem, verbringen sie tagsüber viel Zeit mit der Nahrungssuche. Am Abend ziehen sie sich, meist im Wasser, an einen Ruheplatz zurück und verbringen dort schlafend die Nachtstunden.

Im Laufe ihres Lebens verändert sich die Färbung der Gelbwangen-Schmuckschildkröten beträchtlich: Zeigen die Babys noch einen üppig grünen Rückenpanzer (Carapax) mit gelben Strichen und wellenförmigen Linien, verdüstert sich diese Zeichnung mit zunehmendem Alter. Das Grün weicht Schwarz, das zudem das gelbe Muster zu großen Teilen verdecken kann. So besitzen größere Exemplare einen schwarzgelben Carapax. Der Bauchpanzer (Plastron) ist bei Jungtieren cremefarben bis gelb und weist einige dunkle Flecken auf; bei erwachsenen Exemplaren sind diese komplett oder zumindest überwiegend verschwunden. Der gelbe Bauchpanzer führte übrigens zu einem weiteren, aber im

deutschen Sprachgebrauch nicht so häufig benutzten Namen: Gelbbauch-Schmuckschildkröte. Abgeleitet wurde er vom amerikanischen Namen „Yellowbelly Slider". Die Haut besitzt bei Babys eine grüne Grundfärbung, die mit deutlichen gelben Linien überzogen ist. Am auffälligsten ist neben den vielen waagerech-

WUSSTEN SIE SCHON?

Beim Bestimmen von *Trache-mys-scripta*-Unterarten kommt es immer wieder zu Ver-wechslungen. Aber betrachten Sie einmal in Ruhe die Köpfe: Die Rotwangen-Schmuckschildkröte hat den markanten, deutlich roten und waagerecht verlaufenden Schläfenstreifen hinter dem Auge. Die Gelbwangen-Schmuck-schildkröte zeigt einen senk-rechten, breiten gelben Strei-fen. Die Cumberland-Schmuck-schildkröte weist dagegen einen waagerechten Schläfenstreifen hinter jedem Auge auf; dieser ist gelblich und besitzt ein schwach rötliches oder oranges Zentrum (mit zunehmendem Alter nicht mehr farbintensiv und eher schmutzig wirkend). Also:
Rotwange – roter, waagerechter Schläfenstreifen
Gelbwange – gelber, senkrechter Schläfenstreifen
Cumberland – waagerechter, gelber Schäfenstreifen mit rötlichem oder dunklem Zentrum

verhalf *Trachemys scripta scripta* zu ihrem eigentlichen deutschen Namen: Gelbwangen-Schmuck-schildkröte. Diese Zeichnung ist ein markantes Unterscheidungs-merkmal zu anderen, ähnlich aussehenden Schmuckschildkrö-ten. Die grüne Hautfärbung macht bei älteren Exemplaren ebenfalls einer Schwarzfärbung Platz; die gelben Streifen bleiben jedoch weitestgehend erhalten.

Hat man erwachsene (adulte) Gelbwangen-Schmuckschildkrö-ten vor sich, können die beiden Geschlechter recht gut unter-schieden werden: Männchen bleiben kleiner und wirken zierli-cher als die Weibchen. Etwa ab einer Carapaxlänge von 10–12 cm besitzen die männlichen Tiere ei-nen deutlich längeren Schwanz; die Schwanzwurzel ist breiter als bei Weibchen. Lie-gen die Schwänze so, dass sie in halb-wegs gerader Linie vom Körper wegführen, befindet sich die auf der

ten Streifen der breite gel-be, nach unten führende Schläfenstreifen – er

Rotwangen-Schmuckschildkröten, *Trachemys scripta elegans*, besitzen den namensgebenden roten Schläfenfleck – ein einfaches Unterscheidungsmerkmal zur Gelb-wange, welche ja einen senkrechten gelben Streifen aufweist. Foto: A. S. Hennig

Schwanzunterseite liegende Analöffnung bei den Männchen außerhalb des hinteren Rückenpanzerrandes, bei Weibchen dagegen noch unter dem Rand. Zum Betrachten der Schwänze werden die Schildkröten am besten auf den Rücken gedreht. Ein weiteres, für nordamerikanische Schmuckschildkröten typisches Geschlechtsmerkmal ist die Ausprägung der Krallen an den Vorderfüßen. Diese sind bei männlichen Exemplaren überaus lang, nie so kurz wie bei Weibchen. Die Krallen spielen eine sehr wichtige Rolle beim Paarungsverhalten: Entdeckt ein paarungswilliges Männchen ein Weibchen, positioniert es sich frontal vor der „Auserwählten", streckt ihr die Vorderbeine entgegen und versucht, mit den zitternden langen Krallen die Wangen des Weibchens zu berühren. Diese Balz wird vom Männchen mit großer Ausdauer durchgeführt. Lässt sich das Weibchen dadurch stimulieren, kommt es zur eigentlichen Paarung – andernfalls verbeißt es den Geschlechtspartner. Die langen Krallen sollten also niemals gekürzt werden, auch nicht, wenn nur ein einzelnes Männchen gehalten wird, das keine Partnerin zur Verfügung hat!

WUSSTEN SIE SCHON?
Weibchen können Rückenpanzerlängen von fast 29 cm erreichen; meist bleiben sie mit durchschnittlich 20-25 cm etwas kleiner. Das Gewicht ist bei dieser Größe durchaus beachtlich: Etwa 2-2,5 kg können sie dann auf die Waage bringen. Männchen bleiben mit durchschnittlich 13-16 cm und dem entsprechend geringeren Gewicht wesentlich handlicher.

Die ebenfalls nah verwandte Cumberland-Schmuckschildkröte, *Trachemys scripta troostii*, besitzt wie die Rotwange einen waagerechten Schläfenfleck, nur ist dieser nicht einfarbig rot, sondern zeigt eine gelbliche Grundfärbung mit rot-orangefarbenem Zentrum. Mit zunehmendem Alter weicht die rötliche Farbe einem mehr düsteren Fleck auf gelbem Grund. Foto: A. S. Hennig

Die Bauchpanzerzeichnung verschwindet bei älteren Tiere ganz oder zu einem großen Teil.
Foto: H.-D. Philippen

Die typische Kopfzeichnung ist bei diesem adulten Weibchen sehr gut zu sehen. Foto: M. Schmidt

Haltungsvoraussetzungen, Erwerb und Transport

GELBwangen-Schmuckschildkröten gehören derzeit nicht zu den gefährdeten Tierarten und unterliegen somit keinen Artenschutzbestimmungen. Das heißt, bei ihrem Kauf muss nicht auf schriftliche Herkunftsnachweise (Adresse des Züchters bzw. Händlers) oder behördliche Dokumente geachtet werden. Zwingende Voraussetzung vor dem Kauf sollten jedoch ein gesundes Maß an Verantwortungsbewusstsein und die Bereitschaft sein, über viele Jahre hinweg den Pflegling artgerecht zu halten. Haben Sie mit Ihrer Familie über die Schildkrötenhaltung gesprochen, ist jedes Familienmitglied damit einverstanden? Ist die Urlaubsbetreuung gesichert? Sind Sie sich als Eltern eines schildkrötenbegeisterten Kindes bewusst, dass auch Sie einmal das Tier füttern müssen? Können Sie einen eventuell missglückten Wasserwechsel tolerieren und ohne Groll auf Tier und Kind den nassen Teppich trocknen…?

Darüber hinaus schreibt aber auch der Gesetzgeber vor, was bei der Tierhaltung zu beachten ist.

Im Tierschutzgesetz (25.5. 1998, BGBl. I S.1105) heißt es im § 2:

„Wer ein Tier hält, betreut oder zu betreuen hat,

muss das Tier seiner Art und seinen Bedürfnissen entsprechend angemessen ernähren, pflegen und verhaltensgerecht unterbringen,

darf die Möglichkeit des Tieres zu artgemäßer Bewegung nicht so einschränken, dass ihm Schmerzen oder vermeidbare Leiden oder Schäden zugefügt werden,

3. muss über die für eine angemessene Ernährung, Pflege und verhaltensgerechte Unterbringung des Tieres erforderlichen Kenntnisse und Fähigkeiten verfügen."

Um all diese Punkte im Sinne Ihres Pfleglings erfüllen zu können, müssen Sie vor allem gründlich über seine artgerechte Haltung und die Erfüllung seiner Bedürfnisse Bescheid wissen. Eine gute Voraussetzung für das theoretische Rüstzeug, die Sachkunde, ist die Lektüre dieses Buches. Die häufigste Form des Erwerbs ist der Kauf in einer Zoohandlung. Dort gibt es meist die so genannten Farmzuchten: Das sind Schmuckschildkrötenbabys, die in Schildkrötenfarmen der USA geschlüpft sind und vieltausendfach nach Europa geschickt wurden. Alternativ tauchen auch im Handel gelegentlich echte Nachzuchttiere auf, die bei engagierten Schildkrötenzüchtern in der Region zur Welt kamen. Der Vorteil der „vor Ort" gezüchteten Tiere besteht darin, dass diese meist gesünder sind als die Importtiere, die bereits eine sehr lange Reise und mehrere Zwischenstationen bei Exporteuren, Groß- und Einzelhändlern hinter sich haben. Entdecken Sie nun in einem Zooladen die gewünschten Gelbwangen-Schmuckschildkröten, beobachten Sie diese eine Weile, am besten sogar bei Besuchen über mehrere Tage hinweg. Lassen Sie sich die Tiere von einem Verkäufer zeigen und achten Sie auf den allgemeinen Zustand des Tieres: Wie reagiert es? Liegt es nur schlaff in der Hand, hat trübe Augen oder gar Verletzungen? Oder macht es einen augenscheinlich munteren Eindruck, versucht es wegzurennen und hat es keine äußeren Anzeichen für mögliche Erkrankungen? Schauen Sie sich die Tiere in Ruhe an, nehmen Sie sich Zeit. Haben Sie das Glück, Ihre Schildkröte

Sonnenplätze sind eine zwingende Voraussetzung zur Haltung von Schmuckschildkröten.
Foto: A. S. Hennig

Schmuckschildkröten auf einem Baumstamm im Wasser Foto: H. Werning

direkt bei einem Züchter zu er- werben (Anzeigen finden Sie auf den RepTV-Seiten von REPTILIA und TERRARIA, zu erreichen über www.reptilia.de, oder dem „Anzeigenjournal" der DGHT), erhalten Sie natürlich wertvolle Tipps und Hinweise zur Haltung der Tiere aus erster Hand. Gleichzeitig können Sie einen Eindruck von der Größe und von der Haltung erwachsener Schmuckschildkröten gewinnen. Eine weitere Möglichkeit zum Schildkrötenerwerb ist die Über- nahme eines schon älteren Tieres aus Privathand. Es gibt immer wieder Menschen, die ihre

Schildkröte aus den verschiedensten Gründen abgeben müssen und daher neue Pfleger suchen. Kontakte laufen hier oft über Kleinanzeigen in Zeitungen und Zeitschriften oder über Vereine. Schauen Sie auch in das örtliche Tierheim, ob dort vielleicht zu vermittelnde Schmuckschild-kröten auf verantwortungsbewusste Tierfreunde warten.

Hat man seine Gelbwangen-Schmuckschildkröte erworben, stehen zunächst der Heimweg und damit der Transport an. Für Jungtiere bereitet man der Größe entsprechende Transportboxen vor. Das können kleine Plastikbe-

hälter sein oder auch die handelsüblichen Kunststoffterrarien mit
Deckel (z. B. so genannte Fauna-
Boxen). In diese Behälter werden
entweder an-
gefeuchtete
und un-
parfümierte
Zellstoffta-
schentücher,
Haushaltstü-
cher aus dem
gleichen Ma-
terial oder
aber feuchte,
für weitere Zwecke wieder ver-
wendbare Stofftücher (Lappen,
Handtücher ohne große
Schlaufen, in denen sich die
Schildkröten verheddern könnten) gelegt. Von Vorteil ist es, auf
die untere Lage feuchten Materi-
als lose aufliegende Stoffe zu geben. Beispielsweise werden auf
die untere Schicht Zellstoff einige
leicht zusammengeknüllte und
angefeuchtete Zellstofflagen gelegt. Eine andere Variante ist, ein
feuchtes Handtuch so zu drapie-
ren, dass Falten entstehen. Das
Füllmaterial ermöglicht es den
Schildkröten, darunter Schutz zu
suchen. Durch diesen Rücken-
kontakt fühlen sie sich auf dem
stressigen Transport etwas
sicherer. Der Transportbehälter

wiederum wird in einen Styropor-
oder ähnlich Wärme dämmenden
Behälter gestellt. Dicht
geschlossen verhindern diese ein
schnelles Aufheizen bzw.
Abkühlen des Behälter-
innenraumes. Dauert die Reise in
das neue Heim möglicherweise
einige Stunden, sollte während
der Fahrt vorsichtig und ruhig
kontrolliert werden, ob nachbe-
feuch-tet werden muss. Kleine
Schmuckschildkröten leiden bei
Trockenheit unter dem Wasser-
verlust des Körpers. In der Regel
bleiben die Tücher aber für die

> ### DER
> ### PRAXISTIPP
> Auf keinen Fall werden
> Schmuckschildkröten in
> mit Wasser gefüllten Ei-
> mern transportiert.
> Selbst wenn man es tem-
> periert einfüllt, kühlt
> die geringe Wassermenge
> sehr schnell aus, und
> man riskiert eine Erkäl-
> tung des Tieres.

Dauer des Transportes feucht genug, um die Tiere wohlbehalten zum Zielort zu bringen. Eine solche Kontrolle während des Transportes sollte auf ein Minimum beschränkt werden, da das ständige Öffnen der Behälter und das eventuelle Herausnehmen der Schildkröte nicht unerheblichen Stress und zudem eine Erkältungsgefahr bedeuten. Größere Gelbwangen-Schmuckschildkröten können auch – ehe man sie in die eigentlichen Transportkisten legt – in am offenen Ende zugeknotete, trockene Leinenbeutel gesteckt werden (die Innenseite des Beutels nach außen drehen, damit sich die Schildkröten nicht in einer losen Naht verheddern), den man dann rutschsicher in der Styroporbox auspolstert. Diese Variante bietet ebenfalls ein höheres Sicherheitsgefühl für die Tiere. Beim Transport mehrerer Schildkröten vermeidet man auf diese Weise zudem, dass die Panzer ungeschützt aufeinander schlagen bzw. aneinander reiben und damit Verletzungen und sich infizierende Wunden entstehen können.

Eine Gelbwangen-Schmuckschildkröte auf dem Landteil ihres Aquaterrariums
Foto: H.-D. Philippen

Das Becken

DIE Haltung erwachsener Schmuckschildkröten erfordert große Wasserbecken mit viel Schwimmraum. Meist beginnt die Pflege jedoch mit einem oder mehreren Gelbwangen-Babys, und das „Start-Aquarium" kann in einem solchen Fall zunächst klein ausfallen. Zur Haltung von bis zu drei Jungtieren mit einer Rückenpanzerlänge von maximal etwa 5 cm genügt ein Aquarium mit einer Grundfläche von 80 x 35 cm. Für ein einzelnes großes Männchen bzw. 1–3 Exemplare mit Carapaxlängen von 5–15 cm sollte eine Beckengrundfläche von 100 x 40 cm geboten werden. Gelbwangen-Schmuckschildkröten mit über 20 cm Rückenpanzerlänge wird ein Wasserbecken mit einer Grundfläche von mindestens 150 x 50 cm bereitgestellt. Da es sich bei den meisten aus den USA importierten Tieren um Weibchen handelt, die als adulte Tiere sehr groß werden, muss oft mit der größten der vorgenannten Beckengröße geplant werden. In allen Fällen ist jedoch der Wasserstand höchstmöglich zu wählen; Gelbwangen-Schmuckschildkröten sind gute und aktive Schwimmer. So sollte beispielsweise der Wasserstand bei einem 150 cm langen Wasserbecken mindestens 40 cm betragen. In einem solchen Aquaterrarium können problemlos drei weibliche Schildkröten gepflegt werden, entweder Gelbwangen-Schmuckschildkröten oder auch Weibchen anderer Arten. Die Männchen müssen in der Regel einzeln gepflegt werden, da sie nicht nur Weibchen der eigenen Unterart, sondern auch andere Schmuckschildkröten - häufig sogar artfremde Männchen - anbalzen. Eine Vermischung der verschiedenen Unterarten sollte vermieden werden, um keine unerwünschten Bastarde zu produzieren.

Wie viel Wasser in das Aquarienbecken eingefüllt werden kann, richtet sich nach der gewählten Konstruktion. Wird das Glasbecken mit einem Aufsatz ergänzt, kann das Wasser bis zum oberen Rand des Aquariums aufgefüllt werden. Der Aufsatz ist eine auf dem Beckenrand liegende, befes-

> **DER PRAXISTIPP**
>
> Nur zur Verpaarung sollte ein Weibchen zu einem Männchen gesetzt werden, ansonsten empfiehlt sich eine getrennte Haltung – die andauernden Paarungsversuche des Männchens stressen sonst nämlich die Weibchen, die wiederum aufgrund ihrer Größe und Kraft das kleinere männliche Tier verletzen könnten.

Große Aquaterrarien, wie dieses fast 2 m lange Becken, sind notwendig, um den Platzbedarf von Schmuckschildkröten zu befriedigen. Foto: A. S. Hennig

tigte Konstruktion (z. B. aus Holz, Metall oder Glas). Die Frontseite des Aufsatzrahmens erhält oben und unten Kunststoff-Profilschienen, die zwei Schiebescheiben führen. Verwendet werden so genannte E-Profile; sie ähneln einem auf dem Rücken liegenden „E" und erlauben es, zwei Glasscheiben einzusetzen. Diese werden in die Profile gesetzt – eine Scheibe in die vordere Rille des E-Profiles, die zweite Scheibe in die andere Nut – und können nun jeweils nach links oder rechts geschoben werden. Gegebenenfalls können noch kleine Griffe aus Plastik oder Glas auf die Frontscheiben geklebt werden. Berücksichtigt werden bei einem solchen Beckenaufsatz Öffnungen für Kabel (Lampen, Heizstab, Innenfilter) sowie für Zu- und Abflussschläuche von Außenfiltern. Daneben sind noch stabile Befestigungsmöglichkeiten (Leisten/ Streben, Haken etc.) für anzubringende Lampen einzuplanen und

für die Schildkröten unerreichbar zu befestigen. Neben dem ermöglichten höheren Wasserstand bietet solch ein Aufsatz noch den Vorteil, dass ein stabileres „Kleinklima" herrscht und die Gefahr von Zugluft und damit einhergehender Erkältungsgefahr sinkt. Verzichtet man auf den beschriebenen Aufsatz, kann das Wasser im Aquarienbecken nur so hoch eingefüllt werden, dass die Pfleglinge nicht über den oberen Behälterrand klettern können.

Zur Nutzung als Wasserbecken haben sich handelsübliche Aquarienbecken bewährt, die auch als Maßanfertigungen erhältlich sind. Für die Haltung von Zierfischen angebotene Aquarienkomplettsets mit Abdeckung sind allerdings nicht geeignet, da

Die Einrichtung des Beckens sollte dem natürlichen Habitat der Gelbwangen-Schmuckschildkröten Rechnung tragen.
Foto: H.-D. Philippen

die mitgelieferten Deckel bei ihrer Verwendung die Luftzirkulation stark behindern und die für die richtige Haltung notwendige Technik nicht oder nur sehr schwer installiert werden kann.

Bevor das neue Zuhause auf einem stabilen Schrank oder in einem kräftigen Regal Platz findet, wird dort zunächst eine weiche Unterlage hingelegt. Das können beispielsweise eine preiswerte Styroporplatte vom Baumarkt oder eine handelsübliche Polysoftmatte aus der Aquaristik sein. Würde man auf eine derartige „Pufferzone" verzichten und ein Glasbecken direkt auf eine harte Schrank- oder Regalplatte stellen, kann es im gläsernen Aquarienboden zu Materialspannungen kommen – das Glas springt, und der flüssige Beckeninhalt läuft heraus. Um dies zu vermeiden, wird eine der erwähnten Unterlagen genutzt; in der Regel reichen dafür Matten- oder Styroporplattenstärken von etwa 5–10 mm, bei Aquarienbecken ab 150 cm Länge kann für eine höhere Sicherheit auch dickeres Material gewählt werden.

Einrichtung

In einem Becken, in dem Gelbwangen-Schmuckschildkröten gehalten werden, gibt es einige wichtige Bestandteile der Einrichtung und Gestaltung, wie Sonnenplatz, Flachwasserzonen und bei Weibchen ein Landteil zur Eiablage. Diese sind für die artgerechte

Unterscheidungsmerkmal der Geschlechter sind neben den unterschiedlichen Schwanzformen vor allem die stark verlängerten Krallen an den Vorderfüßen der Männchen. Foto: A. S. Hennig

Haltung zwingend notwendig. Das „Drumherum" dagegen, wie die Gestaltung der Rückwand, die Wahl des Bodengrundes, eine üppige Bepflanzung usw., schmeichelt mehr dem Auge des Betrachters.

Der **Sonnenplatz** wird von den Schmuckschildkröten aufgesucht, um sich dort unter einem leistungsstarken Strahler aufzuwärmen. Die einfachste Form eines Landteils ist ein halbrundes Stück Zierkork, das waagerecht zwischen Vorder- und Rückscheibe des Aquariums eingeklemmt wird. Dazu wird der im Terraristikzubehör-Handel erhältliche Kork so auf die passende Länge zurechtgesägt, dass dieser fest zwischen Vorder- und Rückfront sitzt. Der Kork wird zudem so eingesetzt, dass der untere Teil so weit ins Wasser hineinragt, dass die Schildkröten ihn bequem erklettern können. Statt des Zierkorks können auch aus dem Wasser ragende Wurzeln, kleinere Baumstämme (bei größeren Becken) oder Steine und Steinplatten als Sonnenplätze eingesetzt werden. Diese Einrichtungsgegenstände müssen jedoch absolut rutschfest eingebaut sein, damit es nicht zu Unfällen kommt. Die Gelbwangen-Schmuckschildkröten dürfen nicht unter einen wackligen und einstürzendem Turm aus lose aufgeschichteten Steinen, unter eine verrutschende oder verkeilte Wurzel oder einen Stamm geraten und sich dadurch einklemmen, verletzen oder gar ertrinken können. Als Wurzeln bieten sich die in der Aquaristik erhältlichen Moorkienwurzeln an; es gibt sie in vielen Formen. Vermieden werden solche Wuchsformen, bei denen sich die Schildkröten einklemmen könnten. Moorkienwurzeln färben durch die abgegebene Huminsäure lange Zeit das Wasser braun. Die Wasserschildkröten stört dies nicht, und gerade Jungtiere fühlen sich im etwas dunkleren Wasser sogar sicherer. Kommen Wurzeln und Stämme heimischer Bäume zum Einsatz, müssen Schimmel oder verfaultes Holz vermieden werden. Natürlich werden keine Höl-

---

DER PRAXISTIPP

Handwerkliches Geschick vorausgesetzt, gibt es eine weitere Möglichkeit zum Einbau eines Sonnenplatzes: Mit handelsüblichem Aquariensilikon eingeklebte, ins passende Maß geschnittene Glasscheiben. Eine mit Silikon waagerecht befestigte Scheibe ist notwendig für den eigentlichen Sonnenplatz, 1-2 weitere für die Aufstiege vom Wasser zur Scheibenoberseite. Dazu ist das glatte und durchsichtige Material noch mit einem griffigen Belag zu versehen, z. B. ebenfalls mit Silikon befestigte Korkplatten. Dünnere Platten aus Kork nutzen sich bei großen Gelbwangen-Schmuckschildkröten ab und sind durch einen neuen Belag oder gleich durch dickere Korkstücke zu ersetzen.

Hochsommerliches Wetter mit hohen Temperaturen vorausgesetzt, können Gelbwangen-Schmuckschildkröten vorübergehend im geschützten Teich untergebracht werden. Im Becken müssen ähnliche Bedingungen erzeugt werden. Foto: A. S. Hennig

zer verwendet, die Kontakt mit chemischen Mitteln (z. B. Insektenbekämpfungsmittel) hatten. Möchten Sie Steine als Sonnenplatz nutzen, ist sehr auf eine sichere Standfestigkeit zu achten. Im Vergleich mit Holz bzw. Kork sind Steine natürlich deutlich schwerer. Damit erhöhen sie zwar die eigene Standfestigkeit, da kleinere Wasserschildkröten sie im Regelfall schwerer verschieben können, aber die Gefahr des Verrutschens ist dennoch vorhanden. So sollten keinesfalls mehrere Steine lose übereinander geschichtet werden. Neben der Verletzungsgefahr für die Schildkröten kann bei umhergeschobenen Steinen auch das Glas des Aquariums beschädigt werden.

Unabhängig von der gewählten Art des Sonnenplatzes gilt, dass sich die sonnenden Schildkröten wie in der Natur im Falle einer vermeintlichen Gefahr sofort ins tiefe Wasser fallen lassen können. Werden geschlechtsreife Weibchen gepflegt, muss das Wasserbecken um einen mit feuchtem Sand gefüllten Landteil ergänzt werden. Dieser dient den Tieren als **Eiablagebehälter**. Zweckmäßig ist es, ihn an einer Stirnseite des Beckens mit passenden Glasscheiben zu bauen. Eine Glasplatte wird so zurechtgeschnitten, dass sie als zukünftige Bodenplatte des Landteils so breit ist wie das Aquarienbecken (Innen-

Hat ein Gelbwangen-Weibchen Eier vergraben, werden diese vorsichtig freigelegt. Unachtsamer Umgang wird von den weichschaligen Eiern „übel genommen". Foto: A. S. Hennig

maß; also Aquarienbreite minus Glasstärken von Vorder- und Rückscheibe des Beckens minus weitere 1–2 mm, damit sie nicht zu straff zwischen Vorder- und Rückfront liegt und somit keinen Spannungen ausgesetzt ist). Ist ein Becken beispielsweise 60 cm breit und die Glasstärke beträgt 1 cm, ergeben sich 58 cm (60 cm minus 1 cm Vorderscheibenstärke minus 1 cm Rückscheibenstärke), abzüglich weiterer zwei Millimeter sind das also 57,8 cm Breite für die Bodenplatte des Landteils. Die Längsseite des Landteils sollte wenigstens 50 cm messen. Wird der Landteil an einer der beiden Stirnseiten des Wasserbeckens angelegt, besitzt er an drei von vier Seiten (vorn, Stirnseite, hinten) bereits Begrenzungen, damit der später einzubringende Sand auch auf dem Landteil bleibt; offen bleibt noch der Abschluss am Übergang zum Wasserteil: Die zuvor ermittelte Breite für die Bodenplatte wird als Maß übernommen, ergänzt um die gewünschte Höhe des Landteils – soll der Landteil beispielsweise knapp 20 cm hoch mit Substrat aufgefüllt werden, wird dieser Wert als Höhenmaß übernommen und diese Scheibe dann senkrecht als wasserseiti-

ger Abschluss mit Aquariensilikon eingeklebt. Das Silikon muss wirklich fugendicht verarbeitet werden, damit der Landteil nicht durch eintretendes Wasser geflutet wird. Nun fehlt noch ein Aufstieg vom Wasser- zum Landteil: Dieser wird am besten wieder mit einer zurechtgeschnittenen Glasscheibe realisiert. Dieser Glassteg wird mit einem griffigen Belag (z. B. Kork) beklebt, damit die Schildkröten beim Herausklettern Halt haben.

Damit der Eiablageplatz von den weiblichen Gelbwangen-Schmuckschildkröten angenommen wird, muss er den Ansprüchen der Tiere gerecht werden. Der Sand auf dem Landteil darf weder staubtrocken noch tropfnass sein. Er sollte durch die Feuchtigkeit eine leicht klumpig-krümelige Konsistenz aufweisen. Bei regelmäßigen Kontrollen muss gegebenenfalls nachbefeuchtet werden. Auch die richtige Substrattemperatur spielt eine entscheidende Rolle. Die Schildkröten müssen die Wahl zwischen verschiedenen Temperaturbereichen haben. Dies erreicht man am besten, indem tagsüber ein Spotstrahler (z. B. im Baumarkt erhältlicher 60-W-Klemmspot) einen Teil des sandgefüllten Landteils beleuchtet

Gelbwangen-Schmuckschildkröten im niedrigen Wasser eines Teiches Foto: H.-D. Philippen

und damit erwärmt. Im Zentrum des auf den Sand gerichteten Lichtkegels ist es naturgemäß am wärmsten, zum Rand hin nimmt die Wärme ab. Wird der Strahler auf eine Hälfte des Landteils gerichtet, ist der Sand dort wärmer und auch etwas trockener als in der anderen Hälfte. Die Tiere haben somit die Möglichkeit, sich ihren Vorzugsbereich für die anzulegende Nistgrube auszusuchen.

Gartenteiche bieten in der Regel mehr Platz als Zimmerbecken, eine große Lichtfülle durch das natürliche Sonnenlicht und einen natürlichen Tag-/Nachtrhythmus. Erbeutete Wirbellose im Teich sowie verschiedene Wasserpflanzen können den Speisezettel ergänzen. Aber ein ganz entscheidender und für das Gedeihen der Tiere notwendiger Punkt schneidet bei der Freilandhaltung im deutschsprachigen Europa eher schlecht ab: das Klima. In den meisten Regionen sind die Temperaturen einfach zu niedrig, um Gelbwangen-Schmuckschildkröten erfolgreich im Freiland zu halten. Möglich ist aber eine geschützte Freilandhaltung: Das heißt, die Freilandanlage erhält eine Abdeckung mit Sonnenlicht durchlassenden Glas- oder Kunststoffplatten. Dieser Gewächs-

Auch mit feinkörnigem Kies als Bodengrund kommen die Schildkröten klar. Foto: H.-D. Philippen

hauseffekt erhöht die Temperatur deutlich und erlaubt einen Sommeraufenthalt unter naturnahen Bedingungen. Wegen möglicher Überhitzung durch die Sonneneinstrahlung sind Belüftungen zu berücksichtigen (Abdeckung manuell oder automatisch öffnen). Klassische Gewächshäuser bieten bei ähnlich guten Platzverhältnissen natürlich noch bessere Bedingungen.

Bodengrund

Feinkörniger Bodengrund wie Kies oder Sand sieht natürlich aus, ist aber für die richtige Haltung von Gelbwangen-Schmuck-schildkröten nicht zwingend notwendig. Bei Jungtieren hält sich der Pflegeaufwand einer solchen Bodenschicht mit mehrfachem Durchspülen, dem Absaugen der Mulmschichten und einem regelmäßigen Austausch noch in Grenzen. Bei größeren Tieren kommt man wegen der stärkeren Belastung des Wasser durch größere Futter- und damit Kotmengen aber kaum mehr mit dem Reinigen hinterher. Auch wenn ein Filter das Wasser umwälzt und einige Schwebeteilchen herauszieht, versinken Futter- und Kotreste im Kies oder Sand – Ausgangsbasis für Bakterien und Krankheitserreger.

Geeignet als Bodengrund sind stattdessen beispielsweise im Zoohandel erhältliche naturfarbige Kunststoffverkleidungen oder ganz einfach nur Teichfolie, die genauso wie die Verkleidungen mit Aquariensilikon befestigt wird. Beckenrückwände können eben falls mit den genannten künstlichen Verkleidungen beklebt werden. Dies sieht naturnah aus und vermeidet den Spiegeleffekt im Wasser befindlicher Glaswände. Das Spiegeln kann auch durch großflächig aufgetragenes schwarzes oder graues Aquariensilikon

Ein Beispiel zur Anlage und Gestaltung von Freilandanlagen zur vorübergehenden Haltung nordamerikanischer Schmuckschildkröten. Hier sind natürlich ganz andere Möglichkeiten zur Bepflanzung als im Aquaterrarium gegeben. Foto: A. S. Hennig

vermieden werden. Als Bodenbelag bieten sich auch dünne, flache Natursteinplatten an. Zwischen den Platten und auch in den schmalen Hohlräumen zwischen Platten und Glasboden können sich zwar ebenfalls Futter- und Kotreste ansammeln, doch lassen sich diese besser und schneller entfernen als in Kies oder gar Sand.

Bepflanzung

Je älter sie werden, umso mehr ernähren sich Gelbwangen-Schmuckschildkröten in der Natur von Wasserpflanzen. Setzt man also Pflanzen in das Schildkrötenbecken, werden diese recht schnell aufgefressen oder wenigstens zerrissen. Im Wasser können somit nur robuste Kunststoffpflanzen zum Einsatz kommen. Vorsicht ist jedoch geboten, wenn große Gelbwangen selbst Interesse an den künstlichen Blättern zeigen und diese eventuell abreißen und fressen. Das muss vermieden werden.

Pflanzen jedweder Art können also nur an Stellen eingesetzt werden, an die die Pflanzen fressenden Schmuckschildkröten nicht herankommen. Möglich sind daher meist nur Blumentöpfe außerhalb des Schildkrötenbeckens.

DER PRAXISTIPP
Nutzt man einen Aufsatz wie oben beschrieben, kann versucht werden, die Rückwand zu bepflanzen, etwa mit Efeutute oder Baumfreund. Attraktiv kann ein über dem Wasser befestigter Ast wirken, der mit so genannten Aufsitzerpflanzen (Epiphyten) besetzt ist, z. B. mit Moosen und Bromelien. Der Bewuchs darf allerdings wegen der Verbrennungsgefahr nicht zu nahe an die installierten Spotstrahler geraten. Giftige Pflanzen, wie beispielsweise die als Zimmerpflanze beliebte *Dieffenbachia*, dürfen nicht eingesetzt werden.

Technik

LÄNGST

hat sich der Zoofachhandel auf den Terraristik-Boom eingestellt und bietet alle technischen Hilfsmittel an, die für eine erfolgreiche Haltung auch der Gelbwangen-Schmuckschildkröte nötig sind.

Beleuchtung

Gelbwangen-Schmuckschildkröten jeden Alters sonnen sich regelmäßig und benötigen daher eine naturnahe Lichtfülle und -wärme. Kei-

Osram-Ultra-Vitalux-Birne mit 300 W
Foto: M. Schmidt

nesfalls reichen also die zwei kleinen Leuchtstoffröhren eines handelsüblichen Aquariensets. Nur mit leistungsfähigen Strahlern, eventuell ergänzt um Leuchtstofflampen, kann eine naturnahe Haltung erfolgen. Verwendung finden Halogen-Metall-dampflampen (z. B. HQI/Osram, HDI/Philips) oder Quecksilberdampf-Hochdrucklampen (z. B. HQL/Osram, HPL/ Philips; HQL-Birnen besitzen im Farbspektrum einen UV-Licht-Anteil). Ergänzend sei festgehalten, dass die Brennstäbe bzw. Birnen nach spätestens etwa zwei Jahren ausgetauscht werden sollten, da ihre Lichtausbeute nachlässt. Besonders geeignet sind HQI-Lampen, die es in verschiedenen Leistungsgrößen gibt, beispielsweise 70- und 150-W-HQI-Lampen. Die Strahler müssen so über dem Sonnenplatz installiert werden, dass tagsüber im Zentrum des Lichtkegels – unmittelbar auf der Oberfläche des Sonnenplatzes gemessen – punktuell etwa 45 °C erreicht werden. Diese Temperatur wird aber nur lokal geboten, natürlich nicht im gesamten Aquaterrarium. Die Schildkröten müssen stets die Möglichkeit haben, dieser Maximaltemperatur innerhalb des Schildkrötenbeckens auszuweichen. Insgesamt liegen die Lufttemperaturen im Sommerhalbjahr bei 25–30 °C und damit stets 2–3 Grad über den Wärmegraden des Wassers. Nachts werden die Wärmequellen ausgeschaltet, damit ein naturnahes Temperaturgefälle entsteht.

Ergänzend zum Strahler können Leuchtstofflampen eingesetzt werden. Diese erzeugen kaum Wärme, sind also auf keinen Fall ein Ersatz für Strahler – auch nicht vorübergehend. Die Lichtintensität der Leuchtstofflampen kann durch ein darüber angebrachtes handelsübliches Reflektorblech verbessert werden. Notwendig sind dem Tageslicht nahe kommende Bautypen (ihre Bezeichnungen sind bei den verschiedenen Herstellern unterschiedlich).

Schmuckschildkröten können bei richtiger Ernährung wie hier beschrieben auch ohne künstliche UV-Bestrahlung erfolgreich gehalten und vermehrt werden. Dennoch ist der Einsatz von UV-Strahlung wahrscheinlich durchaus förderlich und zumindest nicht schädlich.

Entscheidet man sich für Leuchtstoffröhren mit UV-Licht-Anteil, sollte beachtet werden, dass sie zum einen nur eine beschränkte Lebensdauer hinsichtlich der UV-Abgabe besitzen, zum anderen ihre Installation maximal 30 cm über dem Wasserbecken bzw. Sonnenplatz erfolgen sollte. Bei größerem Abstand erreicht die ultraviolette Strahlung nicht die Tiere. Besser geeignet sind UV-Strahler. Seit langem bewährt ist die „Ultra Vitalux" von Osram, die aber mit 300 W sehr leistungsstark ist und daher nur stundenweise aus einem Abstand von etwa 1 m zugeschaltet werden kann. Seit kurzem sind im Zoohandel auch UV-Strahler mit geringerer Leistung (100 oder 160 W) erhältlich, die auch als Spotstrahler genutzt werden können. Für sonnenliebende Echsen liegen mit diesen Lampentypen bereits sehr gute Erfahrungen vor.

DER PRAXISTIPP Am besten befestigt man die Strahler so, dass sie je nach Jahreszeit in unterschiedlicher Höhe über dem Becken bzw. Sonnenplatz arretiert werden können. So können sie beispielsweise im Herbst etwas höher gehängt werden, um die Schildkröten auf den kühleren Winter „einzustimmen".

DER PRAXISTIPP Bei allen UV-Licht abstrahlenden Beleuchtungsmitteln ist darauf zu achten, dass sich kein Glas zwischen der Lampe und den Schildkröten befindet, da Glas UV-Strahlen weitgehend aus dem Lichtspektrum herausfiltert, sodass diese beim Tier gar nicht erst ankommen.

Wasserheizung

Für eine Beheizung des Wassers wählt man handelsübliche Aquarienheizstäbe. Praktisch sind solche Bautypen, deren Heizleistung direkt regelbar ist: Sie besitzen Einstellmechanismen (meist kleine Rädchen), mit denen die gewünschte Temperatur voreinstellbar ist.

Wird beispielsweise eine Wassertemperatur von tagsüber 25 °C gewünscht, wird der Heizstab auf diesen Wert eingestellt. In Kombination mit einer Zeitschaltuhr, die die Wärmequelle beispielsweise von 8.00–20.00 Uhr mit dem Stromkreislauf verbindet, wird die gewünschte Tagestemperatur des Wassers erreicht. Heizstäbe und deren Stromkabel sind so zu installieren (z. B. durch Schutzgitter oder -kästen), dass sie nicht von den Schildkröten beschädigt werden können (Zerbeißen des Kabels, Beschädigung des Stromkabels durch die Krallen, Zerspringen des Heizstab-Glasman-

DER PRAXISTIPP

Um nicht jeden Tag aufs Neue die Beleuchtung und die Beheizung manuell an- bzw. abzuschalten, nutzt man handelsübliche Zeitschaltuhren. Baumärkte halten analog und digital arbeitende Modelle in verschiedenen Preisklassen bereit. Diese Zeitschalter werden so eingestellt, dass sie morgens zur gewünschten Zeit die Lampen und die Heizung ein- und am Abend wieder ausschalten.

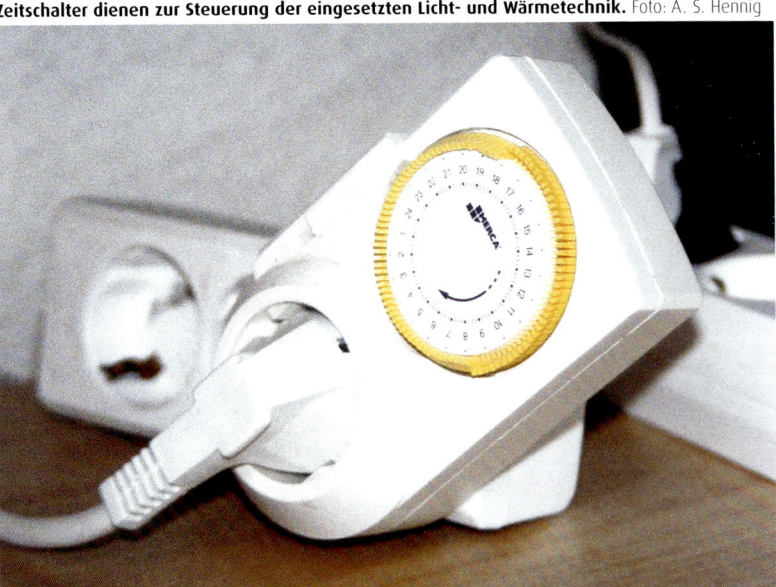

Zeitschalter dienen zur Steuerung der eingesetzten Licht- und Wärmetechnik. Foto: A. S. Hennig

tels durch daran stoßende Schild-
krötenpanzer).

Es könnte sonst zu Verletzungen
der Tiere oder des Pflegers kommen. Vor einem Wasserwechsel
werden die Heizstäbe ausgeschaltet und erst wieder nach dem
Auffüllen der Wasserbehälter
angeschaltet. Ist ein Heizstab
außerhalb des Wassers in
Betrieb und wird dann
in das Wasser ge-
taucht, kann es
zur Beschä-
digung des
H e i z e r s
kommen.

Regelheizer unterschiedlicher Wattstärken
Foto: K. Kunz

Filter

Es gibt In-
nen- und
Außenfilter.
Wegen der
starken Verunreini-
gung durch die Gelb-
wangen-Schmuckschild-
kröten (Kot und Futterreste)
reicht die Filterleistung aber in
den meisten Fällen nicht aus, um
eine Wasserqualität wie in Zier-
fischaquarien zu erreichen. Des-
wegen sind die preiswerteren,
kleineren Innenfilter weniger gut
geeignet. Besser sind größere Außenfilter, die neben oder unter
dem Aquaterrarium stehen können und
über Schlauch-
zu- und -abflüsse
mit dem Wasserbe-
cken verbunden sind. Au-
ßenfilter sind meist in Form
von Topffiltern in Gebrauch. In
ihnen befinden sich Filtersubstrate
wie die in der Aquaristik handelsüblichen Tonröhrchen, Kunst-
stoffkügelchen oder Schaum-
stoffeinlagen.

Auf grobem Filtersubstrat (raue
Oberfläche oder Substrat mit Ker-
ben, Löchern, Röhren) siedeln
sich nützliche Bakterien an, die
die Reinigungsleistung die die
Reinigung des Wassers fördern.

So ist es zweckmäßig, bei einer Reinigung des Filters das Substrat nie zu gründlich oder mit heißem Wasser zu säubern. Auf diese Weise würden alle oder fast alle Bakterienkulturen, die sich in der Zwischenzeit angesiedelt haben, zerstört. Ein Durchspülen des Filtermaterials mit kaltem oder lauwarmem Wasser reicht; so bleiben genügend Bakterien für eine schnelle Vermehrung und damit bessere Filterleistung übrig. Der Filter sollte eine Umwälzleistung vom mindestens doppelten bis dreifachen Wasserbeckeninhalt pro Stunde aufweisen. Die handelsüblichen Geräte besitzen kleine Schilder oder Aufkleber, auf denen die Leistung verzeichnet ist (z. B. 600 l/h). Der Filter (insbesondere das Filtersubstrat) muss, wie oben schon angedeutet, regelmäßig gereinigt werden. Die Häufigkeit der Reinigung hängt von der Beckengröße und der Anzahl der im Wasserbecken gehaltenen Schildkröten ab. Aber

Leistungsstarke Filter gehören zur Ausstattung eines Beckens für Gelbwangen-Schmuckschildkröten. Foto: A. S. Hennig

Als Unterlage für Aquarienbecken werden Polysoftmatten (links) oder Styroporplatten (rechts) eingesetzt. Foto: A. S. Hennig

auch die Schläuche (Zu- und Abflüsse zum bzw. vom Wasserbecken) müssen in größeren Abständen gereinigt werden (am besten mit langen und sehr dünnen Flaschenbürsten), da auf ihren Innenseiten mit der Zeit immer mehr Schmutzpartikel und Algen haften, sodass der Wasserdurchfluss erheblich gehemmt wird und der Filter nicht mehr effektiv arbeitet.

Wenn man ihnen gute Bedingungen bietet, fühlen sich die interessanten Pfleglinge wohl. Foto: M. Schmidt

Pflege und Fütterung

WIE häufig ein Komplettwasserwechsel im Aquaterrarium für Gelbwangen-Schmuckschildkröten nötig ist, hängt u. a. von der Wassermenge, der Anzahl und Größe der in einem Becken gehaltenen Tiere und der Futtermenge ab. Es lässt sich somit kein fester Rhythmus für eine

Rote Mückenlarven, hier eine handelsübliche Frostpackung, gehören neben anderen Wirbellosen zum Grundfutter für Jungtiere.
Foto: A. S. Hennig

Reinigung vorgeben. Als Orientierung kann für ein 150 cm langes und mit 2–3 großen Schildkröten besetztes Wasserbecken (mit Außenfilter ausgestattet) ein Reinigungsintervall von etwa 2–3 Wochen im Sommerhalbjahr dienen. Im Winterhalbjahr, wenn bei niedrigeren Temperaturen weniger als im Sommer gefüttert wird und dadurch weniger Abfallprodukte ins Wasser gelangen, verlängert sich der Zeitraum zwischen zwei Komplettwasserwechseln. Eine Reinigung nutzt man auch, um die im Wasser befindlichen Einrichtungsgegenstände und die Innenseite des Beckens mit einer Bürste (bei großen bzw. tiefen Becken eignet sich am besten eine langstielige Küchenbürste) zu reinigen. Anhaftende Schmutzpartikel und insbesondere Algen werden auf diese Weise zu einem Großteil entfernt. Lose liegende Einrichtungsgegenstände wie Wurzeln oder größere Steine werden vorsichtig herausgenommen und in einem separaten Behälter (Eimer, Schüssel, Spüle) mit kaltem oder lauwarmem Wasser abgespült und gegebenenfalls abgebürstet. Wird neues Wasser in das Becken

Gelbwangen-Schmuckschildkröten müssen abwechslungreich und hochwertig ernährt werden.
Foto: H.-D. Philippen

eingefüllt, muss dieses schon vor-temperiert sein. Das heißt, das Frischwasser muss möglichst die gleiche Temperatur aufweisen wie das alte, abgelassene Wasser.

Gelbwangen-Schmuckschildkrö-ten sind Allesfresser – ernähren sie sich als Jungtiere noch über-wiegend von verschiedensten Kleintieren wie Wasserflöhen, Mückenlarven, Regenwürmern und Asseln, steigt mit zunehmen-dem Alter und mit dem Wachs-tum der Bedarf an pflanzlicher Nahrung. Diesem natürlichen An-spruch muss bei der Haltung Rechnung getragen werden. Schon den Jungtieren werden kleinere Mengen Grünes gege-ben. Den größeren Exemplaren muss sogar überwiegend pflanzli-ches Futter wie Löwenzahn, Was-serpflanzen und Salate angeboten werden. Gleichgültig, ob pflanz-lich oder tierisch: In jedem Fall muss – das ist ein Grundsatz bei der Haltung von Schildkröten – abwechslungsreich und hochwer-tig gefüttert werden. Reichen Sie also nicht billigen Treibhaussalat oder ausschließlich Futtersticks aus dem Handel. Jungtiere erhal-ten Wasserflöhe, Mückenlarven (die roten Zuckmückenlarven so-wie weiße und schwarze Larven), Bachflohkrebse, Eintagsfliegen-larven, Wasserasseln, Kelleras-seln, kleine Gehäuseschnecken

Mit Ausnahme geschützer Arten können Gehäuseschnecken den Speiseplan bereichern. Nacktschnecken werden in der Regel nicht gefressen. Foto: A. S. Hennig

(land- und wasserlebende, jedoch keine geschützten Arten), kleine Regenwürmer, Grillen, Heuschrecken und Wachsmottenlarven (= „Wachsmaden"). Gelegentlich kann zur Ergänzung Süßwasserfisch verfüttert werden. Lebende Grillen, Heuschrecken und Wachsmottenlarven erhält man in Zoofachgeschäften, die auch Rep-tilien anbieten. Mückenlarven und Wasserflöhe kauft man in Fachgeschäften und Gartenmärkten, die Zierfische führen. Die anderen Lebendfutterarten (Mückenlarven und Wasserflöhe) werden selbst gefangen, etwa in Regenwassertonnen oder Gartenteichen gekeschert (Kescher in allen Größen bietet der Fachhan-

angeknackt werden, damit kleinere Gelbwangen-Schmuckschildkröten auch an das Schneckenfleisch herankommen. Nacktschnecken werden wegen der starken Schleimabsonderung von den allerwenigsten Schmuckschildkröten gefressen. Kleine wasserlebende Gehäuseschnecken fängt man entweder im heimischen Gartenteich selbst oder erhält sie von befreundeten Aquarianern, die meist gern überzählige Schnecken abgeben. Süßwasserfische bzw. deren

> **DER PRAXISTIPP**
> Die Akzeptanz der verschiedenen Futtersorten kann durchaus unterschiedlich sein und von einem Tag auf den anderen schwanken. Die Tiere können Vorlieben für bestimmtes Futter zeigen, doch darf dies keinesfalls dazu verleiten, ausschließlich dieses zu geben.

Fleisch bekommt man beispielsweise von Anglern oder Binnenfischern. Alternativ kann den Tieren auch Frostfutter gegeben werden: Die Kühltruhen der Fachhändler halten gefrostete Mückenlarven, Wasserflöhe, Fische, Schildkröten-Fertigfutter u. v. m. bereit. Die Zubehörindustrie stellt zudem unterschiedlichstes Trockenfutter her, das jedoch niemals als Alleinfutter verabreicht werden darf. Pellets verschiedenster Hersteller sowie getrocknete Bachflohkrebse sind

del). Kellerasseln findet man unter Totholz oder unter Steinen und Steinplatten. Regenwürmer werden ausgegraben oder nach einem abendlichen Regenschauer im Sommer von den Wegen aufgelesen. Landlebende Gehäuseschnecken sammeln Sie am besten im Garten; unter Umständen müssen die Gehäuse per Hand

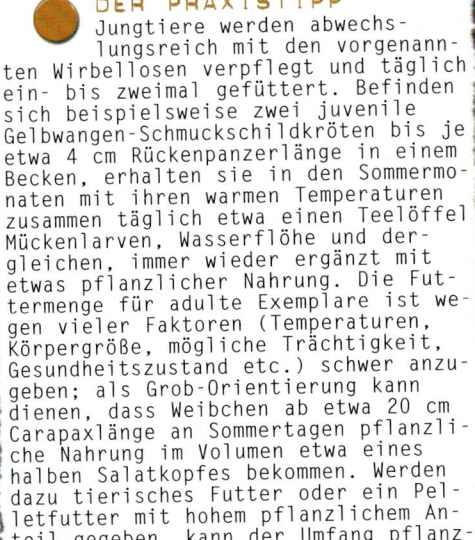

Jungtiere werden abwechslungsreich mit den vorgenannten Wirbellosen verpflegt und täglich ein- bis zweimal gefüttert. Befinden sich beispielsweise zwei juvenile Gelbwangen-Schmuckschildkröten bis je etwa 4 cm Rückenpanzerlänge in einem Becken, erhalten sie in den Sommermonaten mit ihren warmen Temperaturen zusammen täglich etwa einen Teelöffel Mückenlarven, Wasserflöhe und dergleichen, immer wieder ergänzt mit etwas pflanzlicher Nahrung. Die Futtermenge für adulte Exemplare ist wegen vieler Faktoren (Temperaturen, Körpergröße, mögliche Trächtigkeit, Gesundheitszustand etc.) schwer anzugeben; als Grob-Orientierung kann dienen, dass Weibchen ab etwa 20 cm Carapaxlänge an Sommertagen pflanzliche Nahrung im Volumen etwa eines halben Salatkopfes bekommen. Werden dazu tierisches Futter oder ein Pelletfutter mit hohem pflanzlichem Anteil gegeben, kann der Umfang pflanzlicher Nahrung gemindert werden.

stets nur im Rahmen eines abwechslungsreichen Speiseplans zu verfüttern.

Wie eingangs schon erwähnt, ernähren sich Schmuckschildkröten mit zunehmendem Alter immer mehr von pflanzlicher Nahrung. Das ist in Menschenobhut unbedingt zu berücksichtigen! Sicherlich hat nicht jeder Halter von Gelbwangen-Schmuckschildkröten stets überschüssige Wasserpflanzen zum Verfüttern zur Hand, aber es gibt Alternativen aus dem Supermarkt: Mit Ausnahme des billigen, aber kaum Nährstoffe enthaltenden, massenhaft im Gewächshaus gezoge-

nen Kopfsalates gibt es mehrere Salatsorten, die wegen ihres gesunden Nährstoffgehaltes verfüttert werden, so z. B. Feld- oder Eisbergsalat. Daneben können auch auf unbelasteten Wiesen Löwenzahn oder Wegerich gepflückt werden. Wer einen Gartenteich besitzt, kann hier regelmäßig die auf der Wasseroberfläche wachsenden Wasserlinsen abschöpfen; sie werden von den Schmuckschildkröten gern gefressen. Verspeist werden auch Wasserpest, Hornkraut oder Tausendblatt – doch hat man nicht immer große Mengen zur Verfügung.

Gelbwangen-Schmuckschildkröten werden in der Aktivitätszeit, also im Sommerhalbjahr, nach Möglichkeit täglich gefüttert. In der Natur sind die Schildkröten – die notwendigen Temperaturen und andere klimatische Bedingungen vorausgesetzt – während der Aktivitätszeit großteils damit beschäftigt, Nahrung zu suchen, deren Menge zwar variiert, aber kaum zu Fastentagen im eigentlichen Sinne führen wird. Gerade bei überwiegend Pflanzen fressenden Wasserschildkröten, so eben auch bei den „Gelbwangen", muss gewährleistet sein, dass sie sich unter einem leistungsstarken Strahler aufwärmen können, um die pflanzliche Nahrung richtig zu verdauen. Ist die Temperatur zu niedrig, kann die pflanzliche Nahrung nicht komplett aufgeschlossen werden. Ist die gesamte Haltungstemperatur zu gering (z. B. im Juli oder August nur 20–22 statt 26–28 °C Wassertemperatur), gehen die Tiere ohnehin nur ungern an Grünes. Wie oben schon gesagt, bevorzugen Gelbwangen-Schmuckschildkröten vegetationsreiche Gewässer, in denen im Sommerhalbjahr umfangreiche Wasserpflanzenbestände existieren und daher Nahrung reichlich vorhanden ist. Dabei verschmähen sie natürlich tierische Nahrung nicht – doch Wasserpflanzen sind einfache und üppig vorkommende „Beute", im Wasser lebende Insektenlarven nicht. Auch tote Fische oder anderes Aas, das gefressen werden könnte, sind eher selten. Vor allem Weibchen benötigen während der Eiproduktion regelmäßig hochwertige Nahrung; Fastentage bei der Fütterung wirken sich daher nicht positiv für diese Tiere aus. Gibt man aber überwiegend oder ausschließlich Futter mit hohem Fettanteil, insbesondere Säugerfleisch (Rinderherz, Geschabtes usw.), Hunde- und Katzenfertigfutter oder beschränkt sich allein auf Pellets, kann es u. a. zu Verfettungen kommen, denen nur mit einer Futterumstellung und einer Änderung des Fütterungsverhaltens zu begegnen ist. Anzeichen für eine Verfettung sind insbesondere aus den Panzeröffnungen hervorquellende Hautwülste.

Regenwürmer sind ein sehr wertvolles Futter. Foto: A. S. Hennig

Gelbwangen-Schmuckschildkröten bevorzugen vegetationsreiche Gewässer, die reichlich pflanzliche Nahrung bieten. Foto: H.-D. Philippen

Überwinterung

NICHT nur für die Fortpflanzung, sondern insgesamt für das Gedeihen der Gelbwangen-Schmuckschildkröten ist bei der Haltung der temperaturbeeinflusste Jahresrhythmus zu berücksichtigen. Dazu gehört eine kühle Überwinterung. Es ist falsch verstandene Tierliebe, wenn man meint, die „armen Tiere frieren" oder „sie fühlen sich nicht wohl bei der Kälte" oder „ich will ohnehin nicht züchten, da brauche ich die Schildkröten auch nicht zu überwintern.". Die Tiere haben sich im Laufe ihrer Entwicklung dem Klima ihres Verbreitungsgebietes angepasst, ihr Organismus ist darauf eingestellt.

Auch die Meinung, dass Jungtiere noch keine Winterruhe (je nach Verbreitungsgebiet ist es tatsächlich nur eine Ruhephase und keine Winterstarre) benötigten, ist irrig. Wie ist es in der Natur? Fällt überall, wo ein Jungtier sitzt, der Winter aus? Wer sich für die Haltung von Wildtieren entscheidet, muss sich zwingend mit den von der Natur vorgegebenen Fakten auseinandersetzen und diese berücksichtigen.

Für die Vorbereitung der Winterruhe werden in den letzten Herbstmonaten Beleuchtung und Heizung stufenweise über etwa 2–3 Wochen gedrosselt, bis beides komplett ausgeschaltet wird. Dann muss die Entscheidung fallen, bei welchen Temperaturen die Schildkröten bis ungefähr zum März des kommenden Jahres überwintert werden. Das Problem ist dabei, dass wir in den wenigsten Fällen wissen, woher genau unsere Pfleglinge stammen. Die meisten im Zoohandel angebotenen Gelbwangen-Schmuckschildkröten sind in US-amerikanischen Schildkrötenfarmen geschlüpft, und es ist selten nachvollziehbar, in welchem Teil des Verbreitungsgebietes die Elterntiere der Schlüpflinge ursprünglich gefangen wurden. Hier helfen bei der Haltung nur genaues Beobachten und Reagieren. Empfehlenswert ist eine zweimonatige Winterruhe bei etwa 6–10, max. 12 °C. Gelbwangen-Schmuckschildkröten aus dem südlichen South Carolina, dem südlichen Georgia und dem nördlichen Florida werden im Dezember und Januar bei etwa 14–15 °C gehalten.

In der Zeit der niedrigsten Temperaturen, also während der eigentlichen Winterruhe, werden die Tiere einzeln in separaten Behältern (Plastikwannen oder -boxen, kleine Aquarienbecken) untergebracht. Der Wasserstand ist so zu wählen, dass die Schildkröten unter geringem Aufwand mit der Nase zum Atmen an die Wasseroberfläche gelangen können. Der Behälter ist abzudunkeln, damit kein einfallendes Licht stö-

ren kann. Wird festgestellt, dass ein Tier in der Winterruhe erkrankte, ist diese abzubrechen, um die Erkrankung zu behandeln. Sind die Schildkröten jedoch fit und befinden sich dank richtiger Haltung und gesunder Ernährung in einem guten Zustand, spricht – unabhängig von Alter und Größe des Tieres – nichts gegen eine kühle Überwinterung.

Porträt eines adulten Männchens Foto: A. S. Hennig

Vermehrung

DIE Geschlechtsreife ist weniger alters-, als vielmehr größenabhängig. Männchen werden mit einer Carapaxlänge von etwa 10–11 cm geschlechtsreif, Weibchen mit ungefähr 22–24 cm. Werden die ansonsten stets getrennt voneinander gehaltenen Geschlechter nach der Winterruhe zusammengesetzt, beginnen die Männchen schon bald darauf mit dem interessanten Balzspiel, das oben bereits beschrieben wurde.

Die Männchen werden nur für jeweils einige Tage zur Paarung mit dem Weibchen vergesellschaftet. Ansonsten kommt es durch die andauernde Balz bei dem Weibchen zu Stress; auf der anderen Seite kann das zierlichere Männchen durch das deutlich kräftigere Weibchen verletzt werden.

Bei guter und ausreichender Ernährung, einem richtigen Sonnenplatz und dem Vorhandensein

Ein adultes Weibchen erklimmt den Landteil seines Aquaterrariums. Foto: A. S. Hennig

Die Eier werden in einen vorbereiteten Brutapparat gelegt. Foto: A. S. Hennig

eines optimalen Landteils (siehe Abschnitt „Einrichtung") mit mindestens panzerlanger Substrattiefe (angefeuchteter Sand oder ein Sand-Erde-Gemisch) wird das Weibchen zum Zeitpunkt der Eiablage schnell eine Stelle für die Nistgrube finden und sein Gelege problemlos dort platzieren. Förderlich sind, wie schon erwähnt, unterschiedliche Temperaturbereiche im Bodensubstrat; ein Abschnitt des Landteils wird daher beispielsweise

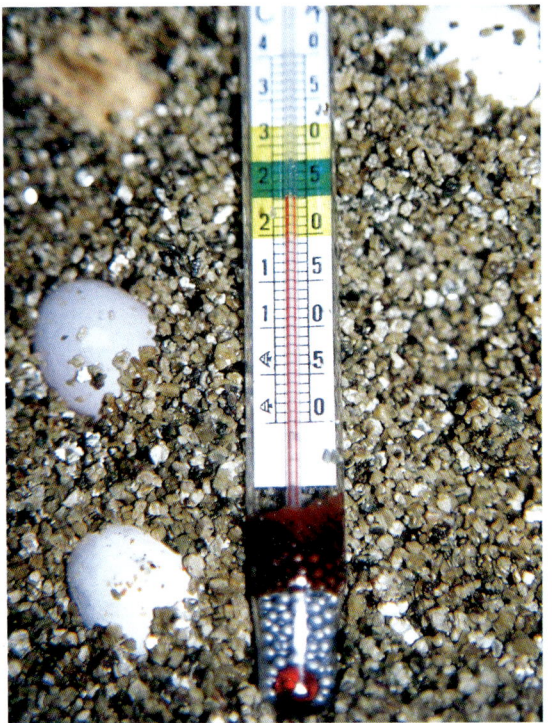

Die richtige Bruttemperatur und -feuchtigkeit entscheiden über den Erfolg der Inkubation.
Foto: A. S. Hennig

mit einem Wärmestrahler lokal beheizt. Dann kann sich ein legewilliges Weibchen einen ihm zusagenden Platz für die Ablage der meist 6–10 Eier pro Gelege (u. a. abhängig von der Größe des Weibchens) aussuchen.

Es werden bis zu drei Gelege in einer Saison vergraben. Die weichschaligen Eier nimmt man vorsichtig und ohne sie um die Längsachse oder ähnlich gravierend zu drehen aus der Nistgrube, befreit sie von anhaftendem Sand und überführt sie in einer mit feuchtem Vermiculit gefüllten Plastikbox (z. B. Futtertierboxen oder Haushaltsdosen) in den Brutapparat (siehe unten). Das Vermiculit wird zuvor angefeuchtet; überschüssiges Wasser wird mittels sanftem Druck mit der Hand herausgepresst (dabei den Eibehälter ankippen). Während der gesamten Brutzeit ist der Substratfeuchte besondere Beachtung zu schenken: Ist sie zu niedrig, fällt das weichschalige Ei ein, und der darin befindliche Embryo kann absterben. Bei einer zu hohen Substratfeuchte wird zu viel Wasser aufgenommen, und das Ei wird prall und kann aufplatzen; die kleine und noch lebensschwache Schildkröte schlüpft dann viel zu zeitig oder stirbt. Wichtig ist, dass die mit Brutsubstrat gefüllten Plastikbehälter am unteren Bereich der Seiten kleine Löcher erhalten. Hier kann aus der hohen Luftfeuchtigkeit aufgenommenes überschüssiges Wasser ablaufen.

Brutapparate können Sie selbst bauen: Ein kleines Aquarienbecken wird mit Wasser gefüllt (Wasserstand etwa 10 cm). Je nach Verdunstung muss gegebenenfalls während der Brutzeit Wasser nachgefüllt werden. Über dem Wasserspiegel installiert man

Zu Beginn des Schlupfes ritzen die Babys die Eischale an und vergrößern nach und nach die **Öffnung.** Foto: A. S. Hennig

Schlüpflinge können noch einen Dottersack am Bauchpanzer aufweisen. Dieser verschwindet in den Tagen nach dem Schlupf. Foto: A. S. Hennig

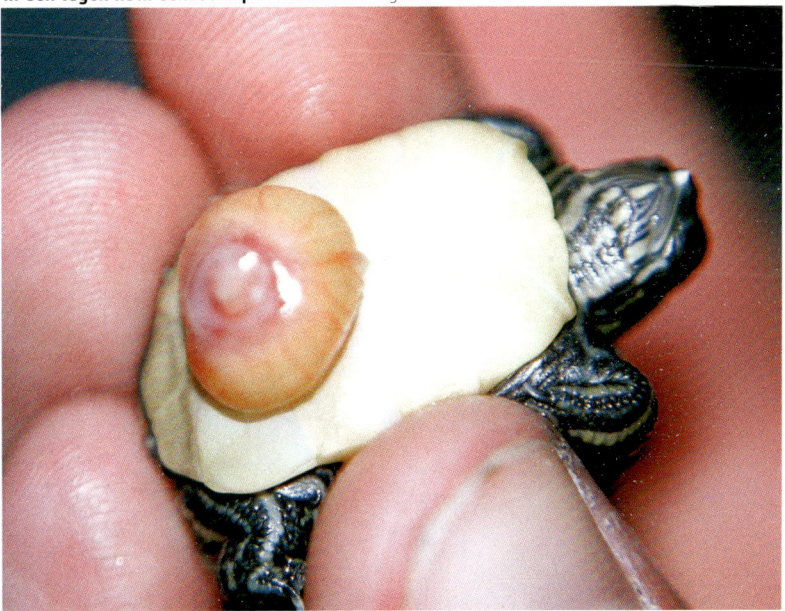

einen Glassteg, oder man legt einfach einen Ziegelstein in das Wasser; darauf wird der Eibehälter gestellt. Eine schräg über dem Eibehälter ruhende Glasscheibe sorgt dafür, dass sich niederschlagendes Kondenswasser nicht auf die Eier tropft. Der Brutapparat wird mit einer Abdeckung versehen, am besten wieder mit einer Glasscheibe. Die zum Bebrüten notwendige Tem-

peratur wird über einen Heizstab im Wasser erreicht. Möglich, aber nicht ganz so effektiv ist auch eine unter dem Brutbehälter liegende Heizmatte. Aquarienheizstäbe mit einem am oberen Ende sitzenden Reglerknopf einschließlich der dazugehörigen Temperaturskala, auf der bis auf das halbe Grad genau die gewünschte Temperatur eingestellt werden kann, sind bestens geeignet. Auf Höhe

Einfach eingerichtetes Becken für die ersten Aufzucht-Wochen von Gelbwangen-Schmuckschildkröten Foto: A. S. Hennig

der Eier ist für Kontrollzwecke ein Thermometer in die Box zu legen, um abweichende Werte feststellen und entsprechend reagieren zu können; nicht immer stimmt die vom Heizstab produzierte Wärme mit der Temperatur unmittelbar an den Eiern überein – also vor der Bestückung mit Eiern prüfen! Hat man eine Heizmatte als Wärmequelle oder einen nicht regelbaren Heizstab in Gebrauch, ist ein separater Thermostat im Brutapparat notwendig, der die Temperatur steuert. Als Standort für den Brutapparat eignet sich ein schattiger Platz im Zimmer, nie ein Ort in unmittelbarer Fenster- oder Heizungsnähe.

Die Inkubationsdauer ist abhängig von der Bruttemperatur. Bei höheren Temperaturen schlüpfen die kleinen Gelbwangen-Schmuckschildkröten eher als jene, die bei niedrigeren Wärmegraden erbrütet wurden. Bei durchschnittlichen Bruttemperaturen von etwa 28 °C schlüpfen die Jungtiere nach etwa 60–70 Tagen, bei Temperaturwerten um die 25 °C benötigen sie ungefähr 100 Tage bis zum Schlupf. Die Schlüpflinge werden in Becken untergebracht, wie sie im Kapitel über die Haltung beschrieben wurden. Ein besonderes Augenmerk ist auf Versteckmöglichkeiten zu richten, wie beispielsweise Pflanzenbüschel. Ist der beim Schlupf noch am Bauchpanzer vorhandene Dottersack aufgezehrt und gingen die Tiere über mehrere Tage oder Wochen hinweg an das angebotene vielseitige Futter, können sie bereits in verantwortungsbewusste Hände abgegeben werden, falls das erwünscht bzw. nötig ist.

Gesundheit

STETS ist auf den Gesundheitszustand der Schildkröten zu achten. Ist ein Tier erkrankt, sollte auf jeden Fall ein reptilienkundiger Tierarzt zu Rate gezogen werden. Gleichzeitig werden die Haltungsbedingungen überprüft und optimiert. Letzteres ist notwendig, da die Ursachen vieler

Jungtiere sind meist leuchtender gefärbt als erwachsene *Trachemys scripta scripta.*
Foto: A. S. Hennig

Krankheiten in Fehlern bei der Haltung zu finden sind. Hier muss selbstkritisch kontrolliert werden. Eine erkrankte Gelbwangen-Schmuckschildkröte sollte einzeln untergebracht werden, um den Krankheitsverlauf

besser beobachten und die Nahrungsaufnahme genau kontrollieren können. Zudem wird ein die Heilung erschwerender Stress, wie er bei einer Vergesellschaftung mit anderen Schildkröten besteht, vermieden. Denn Stress schwächt das betroffene Tier und ist insgesamt häufig der Auslöser für Erkrankungen, die bei einer gesunden, nicht unter Stress stehenden Wasserschildkröte nicht ausbrechen würden. Außerdem kommt es durch die Trennung nicht zur Ansteckung gesunder Tiere.

Ist für die Diagnose eine Kotprobe notwendig, kann diese bei einer Einzelhaltung zweifelsfrei dem erkrankten Tier zugeordnet und untersucht werden.

Dass ein reptilienerfahrener Tierarzt aufgesucht werden sollte, liegt darin begründet, dass sich die Krankheitsbilder und -verläufe bei Reptilien z. T. deutlich von denen bei Säugetieren unterscheiden können und demnach spezifische Behandlungen notwendig sind. Tierärzte, die sich ernsthaft mit Reptilien beschäftigen, haben sich in einer AG der DGHT zusammengeschlossen; eine Liste ist über die DGHT erhältlich (siehe Kapitel „Weitere Informationen").

Gesunde Schildkröten beobachten aufmerksam
ihre Umgebung. Foto: H.-D. Philippen

Die häufigsten Erkrankungen und Verletzungsmöglichkeiten sind:

Haut- und Panzernekrosen

Nekrosen erkennt man als weißlich gelbe, pünktchenartige, im fortgeschrittenen Stadium flächige Beläge auf Haut und/oder Panzer. Wird die obere Schicht vorsichtig abgekratzt, kommt darunter eine nässende, helle bis rotbraune Wunde zum Vorschein. Besteht der Befall schon über einen längeren Zeitraum, befällt eine Panzernekrose bereits massiv das Knochengewebe; die betroffenen Stellen sind „bröselig". Befinden sich die nekrotischen Flecken am Nagelbett der Krallen, kann es je nach Befall zum Verlust einzelner oder mehrerer Krallen kommen. Nekrosen sind Geweberverluste aufgrund einer Mischinfektion aus Bakterien und Pilzen, deren schädigende Wirkung mit Verletzungen oder Stressreaktionen der Schildkröten beginnt. Auslösende Verletzungen können beispielsweise entstehen, wenn eine Schildkröte mit dem Panzer an einen scharfen Stein stößt. Für ungeübte Augen kann es auch nach einer Panzernekrose aussehen, wenn sich unter den durch das normale Wachstum ablösenden Schildplatten Lufteinschlüsse

bilden. Diese glänzen in der Regel silbrig und lassen sich nicht einfach mit dem Fingernagel abkratzen. Sie verschwinden, wenn sich der betreffende Schild gelöst und einem darunter nachgewachsenen Platz gemacht hat.

Erkältung und Lungenentzündung

Tränende Augen, pfeifende Atemgeräusche, das Maul wird offen gehalten, Schleim läuft aus Nase und Maul, die Schildkröte schwimmt schief im Wasser, hat Tauchprobleme und hält sich häufiger an Land auf – dies sind Merkmale einer Erkältung, im fortgeschrittenen Stadium einer Lungenentzündung. Die Ursache ist häufig im falschen Temperaturhaushalt zu suchen: Die Luft im Becken ist dauerhaft kühler als das Wasser. Das passiert beispielsweise, wenn das Wasser 24 Stunden lang geheizt wird, die Luft aber kaum über Zimmertemperatur hinausgeht, weil statt des notwendigen Strahlers lediglich ein Aquariendeckel mit kaum Wärme abgebenden Leuchtstofflampen installiert wurde. Die Schildkröten schwimmen im warmen Wasser, atmen aber kühle Luft ein, meist in Verbindung mit sehr hoher Luftfeuchtigkeit und fehlender Möglichkeit, eine hohe Körpertemperatur zu erreichen, was aber zwingend notwendig wäre. Ein anderer Grund kann Zugluft sein – im Becken oder eventuell während eines notwendigen Transportes.

Verletzungen

Als Folge von Beißereien oder Unfällen kann es zu Verletzungen kommen. Offene Wunden, Knochen- und Panzerbrüche müssen ebenso wie Erkrankungen rechtzeitig erkannt und umgehend behandelt werden. Ist ein Bein oder ein Fuß gebrochen, hält das Tier die betroffene Extremität ruhig und setzt sie beim Schwimmen nicht aktiv ein, eventuell sitzt das Tier auch nur noch auf dem Landteil. Die betroffene Stelle kann anschwellen. Exemplare mit offenen Verletzungen müssen so lange einzeln gehalten werden, bis die Wunde vollständig verheilt und die neu gewachsene Haut auch die ursprüngliche Fär-

WUSSTEN SIE SCHON?

Einem kühlen Luftstrom sind Ihre Schildkröten ausgesetzt, wenn sie Freilauf im Zimmer haben. Daher ist zwingend auf solche „Ausflüge" zu verzichten; sie sind zudem überhaupt nicht notwendig. Auf den Zimmerfußböden herrscht stets ein feiner Luftzug, den wir Menschen nicht immer spüren, der jedoch negative Folgen für die Schildkröten hat.

bung wiederbekommen hat. Ansonsten beißen neugierige Schildkröten immer wieder in die verheilende, noch rosa bis weißlich gefärbte Stelle. Neben dem permanenten Stress für das gebissene Tier kann die Wunde dann nie richtig verheilen.

Männchen stülpen von Zeit zu Zeit ihren Penis aus, auch ohne dass ein paarungsbereites Weibchen anwesend ist. Andere Schildkröten können dann hineinbeißen. Im noch glimpflichen Fall – wenn es also nicht zur regelrechten Kastration kam – schwillt das Fortpflanzungsorgan an und kann vom Pfleger unter auf den Schwanz laufendem kühlen Wasser wieder zurückmassiert werden. Schlimmster Effekt bei einer solchen schmerzhaften Bissverletzung ist ein schlechter Heilungsprozess des empfindlichen Organs; das betroffene Männchen kann schließlich sogar eingehen. Zu einem Biss in den Penis kann es auch kommen, wenn ein Männchen mit einem paarungsbereiten Weibchen kopulieren möchte und eine andere Schildkröte genau dann zubeißt. Daher bei Paarungsversuchen immer nur ein einzelnes ausgewähltes Weibchen zum Männchen in das Becken setzen – keine weiteren Schildkröten. Ein Schildkrötenpenis ist im Verhältnis zur Schildkröte selbst recht groß, und unerfahrene Halter, die zum ersten Mal dieses Organ im ausgestülpten Zustand sehen, denken spontan an einen Darmvorfall. Das Ausstülpen ist ein normaler Vorgang, den die männlichen Wasserschildkröten immer wieder zeigen.

Legenot

Legenot ist eine häufige Störung bei hochträchtigen Weibchen, wenn diese über keine geeignete Eiablagestelle verfügen oder zu sehr gestresst sind. Sie hat zur Folge, dass das Weibchen seine Eier einfach nicht ablegen kann. Eine Legenot verläuft ohne tierärztliche Behandlung tödlich. Zu ihrer Vorbeugung ist unbedingt darauf zu achten, dass ein Eiablageplatz, wie er in diesem Buch beschrieben wird, zur Verfügung steht, mit geeignetem Material und richtiger Substrattemperatur. Auch dürfen Becken nicht über-

besetzt sein, und außerhalb der Paarungszeit empfiehlt sich wie erwähnt die Getrennthaltung der Geschlechter, da die oft extrem aufdringlichen Männchen die Weibchen massiv stressen und so eine Legenot auslösen können.

Kommt es doch zu einer Legenot, so ist umgehend der Tierarzt aufzusuchen, der mittels Hormongaben oder durch eine Operation das Leben des Tiers retten kann. Man erkennt eine Legenot daran, dass das Weibchen eine Zeit lang sehr unruhig wird und oft auch „Probegrabungen" unternimmt (sofern es die Möglichkeit dazu hat). Legt es trotzdem keine Eier und hört mit diesem Verhalten wieder auf, besteht die Gefahr einer akuten Legenot; sofortiges Handeln ist dann unabdingbar.

Ein sich sonnendes Weibchen Foto: H. Werning

Weitere Informationen

ZUR Vertiefung der in diesem Buch gegebenen Informationen und zum tieferen Einblick in terraristische und herpetologische Themenbereiche empfehlen sich die Mitgliedschaft in einem Verein gleichgesinnter Terrarianer sowie ein intensives Literaturstudium. Die folgenden Auflistungen sollen dabei behilflich sein, einen Einstieg in die Thematik zu finden, können aber natürlich nur einen kleinen Ausschnitt aufzeigen.

Untersuchungsstellen

Kotproben, Sektionen und andere Untersuchungen können von spezialisierten Tierärzten oder von veterinärmedizinischen Untersuchungsstellen vorgenommen werden, die es in vielen Städten gibt. Eine Liste mit Tierärzten, die sich mit Reptilien und Amphibien beschäftigen, kann über die DGHT bezogen oder auf www.dght.de eingesehen werden. Überregional bekannt sind z. B. folgende Einrichtungen:

- Exomed
  Erich-Kurz-Str. 7
  10319 Berlin
  Tel.: 030-5112008
  E-Mail: labor@exomed.de
  www.exomed.de

- Universität München
  Institut für Zoologie, Fischereibiologie und Fischkrankheiten der tierärztlichen Fakultät
  Kaulbachstr. 37
  80539 München
  Tel.: 089-2180-2687
  E-Mail: office@zoofisch.vetmed.uni-muenchen.de
  www.vetmed.lmu.de/zoofisch/

- Chemisches und Veterinäruntersuchungsamt Ostwestfalen-Lippe
  Westerfeldstr. 1
  32758 Detmold
  Tel.: 05231-9119
  E-Mail: poststelle@svua-detmold.nrw.de
  www.cvua-owl.nrw.de

- Vet Med Labor GmbH
  Mörikestraße 28
  371636 Ludwigsburg
  Tel.: 01802-838633
  E-Mail: info@vetmedlabor.de
  www.vetmedlabor.de (für privat nur über Ihren Tierarzt)

Zeitschriften

REPTILIA, TERRARIA
Terraristik-Fachmagazine
erscheinen je sechs Mal jährlich
Natur und Tier - Verlag GmbH
An der Kleimannbrücke 39/41
48157 Münster
Tel.: 0251-133390
E-Mail: verlag@ms-verlag.de
www.ms-verlag.de

MARGINATA
Schildkröten-Fachmagazin
erscheint vier Mal jährlich
Natur und Tier - Verlag, s. o.

DRACO
Terraristik-Themenheft
erscheint vier Mal jährlich
Natur und Tier - Verlag, s. o.

Sauria
Terraristik und Herpetologie
erscheint vier Mal jährlich
Terrariengemeinschaft Berlin e.V.
Bruno Treu, Christstr. 10
14059 Berlin
E-Mail: abo@sauria.de www.sauria.de

DATZ
Die Aquarien- und Terrarien-Zeitschrift
erscheint monatlich
Verlag Eugen Ulmer
Wollgrasweg 41
70599 Stuttgart
www.datz.de

Vereine und Interessengruppen

Die Deutsche Gesellschaft für Herpetologie und Terrarienkunde (DGHT; www.dght.de; DGHT e.V., Postfach 1421, 53351 Rheinbach, Tel.: 02225-703333, E-Mail: gs@dght.de) ist mit über 8000 Mitgliedern die weltweit größte Gesellschaft ihrer Art und bringt Wissenschaftler und Hobbyherpetologen zusammen. Mitglieder erhalten vierteljährlich mindestens drei verschiedene herpetologisch/terraristische Zeitschriften.
Innerhalb der DGHT existiert die AG Schildkröten, die sich auch mit Gelbwangen-Schmuckschildkröten beschäftigt. Sie veranstaltet jährliche Fachtagungen und bringt die Fachzeitschrift RADIATA heraus. Kontakt über die DGHT-Geschäftsstelle oder www.ag-schildkroeten.de.
In der Schweiz ist es die Schildkröten-Interessengemeinschaft Schweiz (www.sigs.ch), die die dortigen Schildkrötenfreunde vereint und die Zeitschrift TESTUDO herausbringt. Österreich hat aktuell mehrere Organisationen; als Beispiel sei die Internationale Schildkröten-Vereinigung (www. isv.cc) erwähnt, die ihre Mitglieder in der Publikation SACALIA mit Fachbeiträgen informiert. Natürlich gibt es auch in anderen Nationen Schildkröten-Vereinigungen, so z. B. in den Niederlanden die Nederlandse Schildpadden Vereniging (www. trionyx.nl). Allen Vereinigungen gemein ist die Tatsache, dass ihre Mitglieder nicht nur für die Haltung und Vermehrung von Schildkröten sorgen, sondern sich auch aktiv für den Arten- und Naturschutz einsetzen. Sie unterstützen Hilfsprojekte, koordinieren Zuchtprogramme und bringen den Menschen die faszinierende Welt der Schildkröten näher!

Weiterführende und verwendete Literatur

MIT dem Kauf dieses Büchleins haben Sie schon einen wichtigen und richtigen Schritt zum Halter von Gelbwangen-Schmuckschildkröten getan. Optimal wäre es, sich mit weiterer Schildkrötenliteratur weiterzubilden, um ein noch besseres Verständnis für die Tiere, ihre Lebensbedürfnisse und die Natur insgesamt zu bekommen. Neben den Fachzeitschriften der Vereine seien auch die weiteren Bücher des Autors (u. a. „Zierschildkröten" und „Haltung von Wasserschildkröten") empfohlen. Erhältlich sind diese Bücher entweder direkt beim Verlag (www.ms-verlag.de) oder bei spezialisierten Buchhandlungen, bei denen auch weitere Schildkrötenbücher erhältlich sind (beispielsweise www.heimtierbuch.de).

Bücher:

CONANT, R. & J.T. COLLINS (1998): A Field Guide to Reptiles and Amphibians Eastern and Central North America. – New York (Houghton Mifflin Company), 616 S.

ERNST, C.H., J.E. LOVICH & R.W. BARBOUR (1994): Turtles of the United States and Canada. – Washington, London (Smithsonian Institution Press), 578 S.

GIBBONS, J.W. (Hrsg.) (1990): Life History and Ecology of the Slider Turtle. – Washington, D.C. (Smithsonian Institution Press), 368 S.

HENNIG, A.S. (2002): Ihr Hobby Wasserschildkröten. – Ruhmannsfelden (bede Verlag), 96 S.

— (2004): Wasserschildkrötenhaltung. – Münster (Natur und Tier - Verlag), 96 S.

OBST, F.J. (1985): Schmuckschildkröten. – Magdeburg (Westarp Wissenschaften), 127 S.

RAUH, J. (2000): Grundlagen der Reptilienhaltung. – Münster (Natur und Tier - Verlag), 216 S.

RUDLOFF, H.-W. (1990): Vermehrung von Terrarientieren. Schildkröten. – Leipzig, Jena, Berlin (Urania-Verlag), 155 S.

VETTER, H. (2004): Schildkröten der Welt Band 2: Nordamerika. – Frankfurt/M. (Edition Chimaira), 128 S.

WILMS, T. (2004): Terrarieneinrichtung. Grundlagen, Materialien, Methoden. – Münster (Natur und Tier - Verlag), 128 S.

Artikel:

BUCHERT, P. & J.-O. HECKEL (2003): Bau einer Anlage zur Haltung großer Wasserschildkröten im Zoo Landau. – DRACO 4(1): 53–57.

FRITZ, U. (1990): Haltung und Nachzucht der Jamaika-Schmuckschildkröte *Trachemys terrapen* (LACEPEDE, 1788) und Bemerkungen zur Fortpflanzungsstrategie von neotropischen Schmuckschildkröten der Gattung *Trachemys*. – Salamandra 26(1): 1–18.

— (1991): Balzverhalten und Systematik in der Subtribus Nectemydina 2. Vergleich oberhalb des Artniveaus und Anmerkungen zur Evolution. – Salamandra 27(3): 129–142.

GIEBNER, I. (2003): Haltung und Vermehrung der Nicaragua-Schmuckschildkröte *Trachemys scripta emolli* (Legler, 1990). – Radiata 12(3): 3–10.

HENNIG, A.S. (2002): Wasserschildkröten aus Nordamerika. – Datz Sonderheft Schildkröten, Stuttgart: 10–13.

— (2003): Schmuckschildkröten aus Nordamerika. – DRACO 4(1): 73–78.

KÖHLER, G. (1992): Die Bedeutung von *Entamoeba invadens* bei der Vergesellschaftung von Echsen oder Schlangen mit Schildkröten. – Sauria 14(4): 31–34.

MEIER, E. (2003): Endspurt für das Internationale Zentrum für Schildkrötenschutz (IZS). – REPTILIA, Münster, 8(1): 10.

ZWARTEPOORTE, H. (2003): Die „European Studbook Foundation" – Geschichte und Fortschritt. – DRACO 4(1): 88–90.

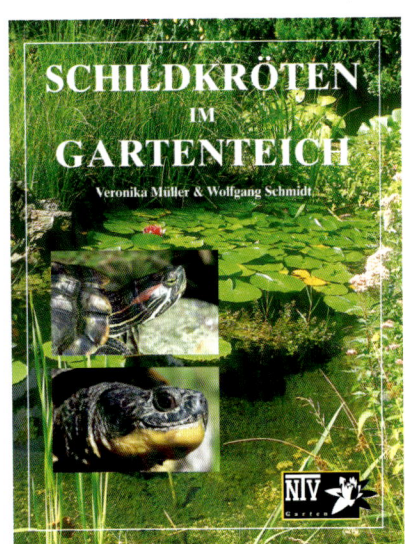

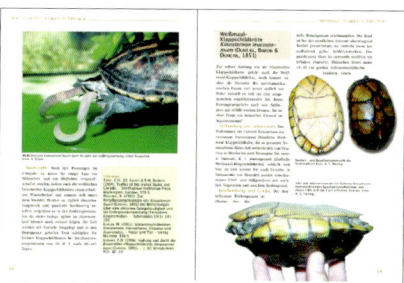

Haltung von Wasserschildkröten

A. S. Hennig

128 Seiten, 116 Farbfotos
Format 16,8 x 21,8 cm,
ISBN 978-3-931587-95-6

Preis: 19,80 €

Der erfahrene Terrarianer A. Hennig gibt in diesem neuen Ratgeber eine umfassende Einführung in die Haltung von Wasserschildkröten. Er stellt Biologie, Pflege- und Nachzuchtbedingungen der beliebten urtümlichen Tiere ausführlich und praxisnah vor und zeigt auf, worauf man für eine erfolgreiche Haltung und Vermehrung von Anfang an achten muss und wie man Probleme erst gar nicht aufkommen lässt. In einem „Frage und Antwort"-Sonderteil werden die häufigsten Schwierigkeiten bei der Wasserschildkrötenhaltung angesprochen und gelöst. Kompakte Information, bestechende Bilder – ein Muss für alle Schildkrötenfans!

Natur und Tier - Verlag GmbH
An der Kleimannbrücke 39/41, 48157 Münster
Telefon: 0251-13339-0, Fax: 13339-33
E-Mail: verlag@ms-verlag.de, Home: www.ms-verlag.de

NTV